BEI GRIN MACHT SICH IHR WISSEN BEZAHLT

- Wir veröffentlichen Ihre Hausarbeit, Bachelor- und Masterarbeit

- Ihr eigenes eBook und Buch - weltweit in allen wichtigen Shops

- Verdienen Sie an jedem Verkauf

Jetzt bei www.GRIN.com hochladen und kostenlos publizieren

Bibliografische Information der Deutschen Nationalbibliothek:

Die Deutsche Bibliothek verzeichnet diese Publikation in der Deutschen National-
bibliografie; detaillierte bibliografische Daten sind im Internet über http://dnb.d-
nb.de/ abrufbar.

Impressum:

Copyright © 2016 GRIN Verlag, Open Publishing GmbH
Druck und Bindung: Books on Demand GmbH, Norderstedt Germany
ISBN: 9783668325616

Dieses Buch bei GRIN:

http://www.grin.com/de/e-book/339809/achsensymmetrie-halbfiguren-zu-achsen-
symmetrischen-gesamtfiguren-im-karoraster

Anna Rezmer

Achsensymmetrie. Halbfiguren zu achsensymmetrischen Gesamtfiguren im Karoraster ergänzen (Mathematik 3. Klasse Grundschule)

GRIN Verlag

Unterrichtsentwurf

für den Prüfungsunterricht

im Fach Mathematik

Thema der Unterrichtseinheit: Achsensymmetrie

Thema der Unterrichtsstunde: Figuren achsensymmetrisch im Karoraster ergänzen

Stellung der Stunde in der Unterrichtseinheit:

1.	Erarbeiten der Eigenschaften der Achsensymmetrie	1 St.
2.	Symmetrie überprüfen: Kennenlernen des MIRA-Spiegels und seiner Handhabung	1 St.
3.	Symmetrieachsen erkennen und einzeichnen	2 St.
4.	**Figuren achsensymmetrisch im Karoraster ergänzen**	**1 St.**
5.	Symmetrie vertiefen: Mit der Symmetrie spielen	1 St.

Inhalt

1. Zielsetzung

1.1. Zentrale Kompetenzen laut Kerncurriculum[1]

1.1.1. Inhaltsbezogener Kompetenzbereich

Raum und Form
Körper und ebene Figuren:
Die Schülerinnen und Schüler (im Folgenden durch „SuS" abgekürzt)

- … stellen achsensymmetrische Figuren her.[2]

1.1.2. Prozessbezogener Kompetenzbereich

Problemlösen
Die SuS

- … bearbeiten selbst gefundene und vorgegebene Probleme eigenständig.[3]
- … wenden Lösungsstrategien an.
- … beschreiben Lösungswege mit eigenen Worten und überprüfen die Plausibilität der Ergebnisse.

1.2. Zielformulierung

1.2.1. Unterrichtsziel
Die SuS ergänzen Halbfiguren zu achsensymmetrischen Gesamtfiguren im Karoraster.

1.2.2. Teillernziele
Die SuS…

TLZ 1: … ordnen einer Halbfigur die passende achsensymmetrische Halbfigur zu, indem sie diese miteinander auf ihre Achsensymmetrie untersuchen.

TLZ 2: … entwickeln Strategien zur Ergänzung der Halbfigur zur achsensymmetrischen Figur.

TLZ 3: … ergänzen gemeinsam die fehlende Halbfigur zeichnerisch mit Lineal und verbalisieren die notwendigen Handlungsvorgänge, indem sie auf ihr Vorwissen zur Achsensymmetrie zurückgreifen.

TLZ 4: … ergänzen eigenständig Halbfiguren an vertikalen Symmetrieachsen zeichnerisch mit Lineal zu achsensymmetrischen Figuren.

TLZ 5: … überprüfen zeichnerisch ergänzte Figuren auf ihre Achsensymmetrie, indem sie den MIRA-Spiegel auf der Symmetrieachse positionieren.

TLZ 10: …korrigieren eine fehlerhaft ergänzte Halbfigur, indem sie die verschieblichen Randelemente der asymmetrisch angelegten Figurenteile umlegen.

---

[1] Niedersächsisches Kerncurriculum 2006.
[2] vgl. ebenda, S. 28.
[3] vgl. ebenda, S. 18.

Einige SuS...

TLZ 6: ... bearbeiten die zweite Station, indem sie weitere Halbfiguren an der vertikalen Symmetrieachse ergänzen.

TLZ 7: ... bearbeiten die dritte Station, indem sie Halbfiguren an der horizontalen Symmetrieachse ergänzen.

TLZ 8: ... bearbeiten die vierte Station, indem sie Halbfiguren an der diagonalen Symmetrieachse ergänzen.

TLZ 9: ... bearbeiten die fünfte Station, indem sie ihre eigene Figur an einer selbst ausgewählten Symmetrieachse ergänzen.

2. Verlaufsplanung

Zeit	TLZ	Phase	Unterrichtsschritte/Aufgabenstellungen/Arbeits- und Aktionsformen	Sozial- und Organisations-form	Medien / Material
08:50-08:51 (1')		Begrüßung	• LiVD[4] begrüßt die SuS[5] und die Prüfungskommission • LiVD zeigt auf das Stundenziel → ein(e) S.[6] liest das Stundenziel vor: „Wir ergänzen Figuren symmetrisch im Karoraster."	Klassenver-band, s. Sitz-ordnung (s. Anhang, S. 17)	Verlaufskarten
08:52-09:02 (10')	TLZ 1, 2, 3	Einstiegs-phase	• Stiller Impuls: LiVD klappt die Tafel auf: Zu sehen sind verschiedene Halbfiguren und ihre passen-den achsensymmetrischen Halbfiguren auf einem Karoraster aufgezeichnet (s. Anhang, S. 18) → SuS ordnen die Halbfiguren ihrer passenden achsensymmetrischen Halbfigur zu → SuS bemerken, dass für eine Halbfigur die passende achsensymmetrische Halbfigur fehlt • LiVD fragt nach den Möglichkeiten der praktischen Ergänzung der fehlenden deckungsgleichen Halbfigur • SuS unterbreiten Vorschläge für die Einzeichnung der Halbfigur im Karoraster an der Tafel - LiVD hilft ggf. in einem Erarbeitungsgespräch auf den Lösungsweg zu lenken • SuS zeichnen nacheinander die achsensymmetrische Halbfigur mit Lineal und begründen ihre Vorgangsweisen - LiVD steht beratend und unterstützend zur Verfügung • LiVD fragt nach der Überprüfbarkeit der eingezeichneten achsensymmetrischen Halbfigur → SuS nennen den MIRA-Spiegel und verbalisieren den Kontrollvorgang, indem sie sich auf die achsensymmetrischen Eigenschaften beziehen → LiVD zeigt die zuvor fehlende achsensymmetrische Halbfigur und lässt diese mit der gezeich-neten Halbfigur vergleichen	Frontal, s. Sitz-ordnung	Tafel, Halbfi-guren, Lineal, MIRA-Spiegel

09:03-09:24 (21')	TLZ 4,5, 6,7, 8,9	Arbeitspha-se	• LiVD erläutert die Arbeitsaufträge an den einzelnen Stationen 1 bis 5 (s. Anhang, S. 20-22):
			→ SuS beginnen mit der Station 1 und gehen erst nach Beendigung ihrer Aufgaben zur nächsten Station (aufsteigende Schwierigkeitsstufen)
			  ▪ Station 1: SuS ergänzen die Halbfiguren an der vertikalen Symmetrieachse
			  ▪ Station 2: SuS ergänzen die Halbfiguren an der vertikalen Symmetrieachse (Halbfiguren mit diagonal verlaufenden Randteilen)
			  ▪ Station 3: SuS ergänzen die Halbfiguren an der horizontalen Symmetrieachse
			  ▪ Station 4: SuS ergänzen die Halbfiguren an der diagonalen Symmetrieachse
			  ▪ Station 5: SuS ergänzen ihre eigene Halbfigur an einer selbst ausgewählten Symmetrie-achse
			→ Station 1 mit einer qualitativen Aufgabendifferenzierung (s. S. 10)
			→ SuS kontrollieren die eigenständig ergänzten Figuren auf dem Arbeitsblatt mit Hilfe des MIRA-Spiegels
			
			• LiVD verteilt die Arbeitsblätter zu Station 1, während der Austeildienst einen MIRA-Spiegel pro
				Einzelarbeit, s. Sitzordnung	Arbeitsblätter, Stationskarten, Fächer, Linea-le, MIRA-Spiegel

---

[4] LiVD = Lehreranwärtin im Vorbereitungsdienst
[5] SuS = Schülerinnen und Schüler
[6] S. = Schülerin bzw. Schüler

			Tisch ausgibt • LiVD startet die Arbeitsphase und stellt die Uhr • LiVD beendet die Arbeitsphase		
09:25- 09:33 (8')	TLZ 10	Sicherungs- phase	• Stiller Impuls: LiVD zeigt eine Halbfigur mit ihrer fehlerhaft auf einem Karoraster ergänzten Halbfi- gur (s. Anhang, S. 19) ➔ SuS korrigieren die fehlerhaft ergänzte Halbfigur, indem sie die verschieblichen Randelemente der asymmetrisch angelegten Figurenteile umlegen (Randelemente in blauer Farbe mit mag- netischen Eigenschaften) • LiVD überprüft die Gesamtfigur auf ihre Symmetrie in Anlehnung zur Faltmethode mittels Aufklap- pen einer bereits fertig erstellten symmetrischen Halbfigur. • **_bei Zeitüberschuss_**: LiVD verändert die Figur. SuS ergänzen diese achsensymmetrisch.	Frontal, s. Sitz- ordnung	großes karier- tes Blatt, blaue Randelemen- te, rote Sym- metrieachse, fertige achsen- symmetrische Figur
09:34 – 09:35 (1')		Schluss	• Aufräumen ➔ SuS heften die bearbeiteten Arbeitszettel in ihre Mathematikmappe • Verabschiedung	Frontal, s. Sitz- ordnung	

Der Mathematikunterricht in der Klasse 3 wird seit dem zweiten Schuljahr 2015/2016 überwiegend selbstständig von mir geplant und erteilt. Das Fach unterrichte ich wöchentlich sechs Stunden im betreuten Unterricht. Insgesamt kann das Verhältnis zwischen der Lerngruppe und mir als vertraut und freundschaftlich bezeichnet werden.

Die Lerngruppe setzt sich aus X Mädchen und Y Jungen zusammen. Im Mathematikunterricht arbeitet eine Mehrzahl der SuS motiviert und interessiert mit. Das konsequente Einhalten von vereinbarten Regeln und das zügige Umsetzen von Arbeitsanweisungen fallen einem Großteil der Lerngruppe im regulären Schulalltag schwer. Diesem Verhalten wird durch positive Verstärkung, Würdigung vorbildlichen Verhaltens einzelner SuS und Wiederholung der Regeln entgegengetreten. Das positive soziale Miteinander ist von einem durchschnittlich sozial-kommunikativen Verhalten geprägt.

Im Hinblick auf die vorliegende Unterrichtsstunde sind folgende Besonderheiten der Klassengemeinschaft zu erwähnen: In der Klasse gibt es mehrere leistungsstarke SuS. Diese besitzen eine schnelle Auffassungsgabe und können Bekanntes auf neue Inhalte rasch übertragen. Insbesondere XY bringen den Lernfortschritt der Klasse durch ihre mündlichen Beiträge voran. Zudem erzielen sie in mehreren mathematischen Kompetenzbereichen gute Leistungen und beenden die Arbeitsaufträge oft vorzeitig. Auf dem durchschnittlichen Leistungsstand stehen die SuS: XY, welche größtenteils Schwierigkeiten haben ihre Gedanken mündlich auszudrücken. Auf einem leistungsschwächeren Niveau lassen sich folgende SuS einordnen: XY. Ihnen fällt es besonders schwer sich in mathematische Sachverhalte und Zusammenhänge hineinzudenken. Sie sind zudem unsicher hinsichtlich mathematischer Aufgabenstellungen und haben Schwierigkeiten Lösungsstrategien anzuwenden. In solchen Situationen unterstütze ich sie durch positiven Zuspruch und zusätzliches Hilfsmaterial. Zu Beginn des dritten Schuljahres traten dieser Klasse zwei neue Kinder bei: XY sind anhand ihres mathematischen Leistungsstands eher der leistungsschwachen Gruppe zuzuordnen.

In der Klasse herrscht überwiegend ein positives Arbeitsverhalten. Dennoch lassen sich folgende Kinder aufgrund ihres auffälligen Verhaltens nennen: XY. Ihnen fällt es oft schwer, eigenständig mit dem Arbeitsauftrag zu beginnen und sich über einen längeren Zeitraum zu konzentrieren. Sie beginnen dann andere SuS abzulenken. Um sie in einem zielorientierten Arbeitsprozess zu unterstützen, sind klare Arbeitsanweisungen und persönliche Ansprachen hilfreich.

In der vorliegenden Unterrichtseinheit setzten sich die SuS mit dem Themenbereich der Symmetrie näher auseinander. Das Ergänzen von Halbfiguren zu achsensymmetrischen Gesamtfiguren im Karoraster stellt das Stundenziel dar.

Im zweiten Schuljahr haben sich die SuS bereits mit der Achsensymmetrie auseinandergesetzt. Durch den handelnden Vorgang des Faltens und Schneidens haben sie eigene achsensymmetrische Figuren hergestellt und ihre Entdeckungen zu den Eigenschaften der Achsensymmetrie verbalisiert. Diese Aktivität sollte den Kindern eine Handlungserfahrung ermöglichen, die das Symmetrieverständnis fördert[7] und den Formaspekt, dass eine Achsenfigur aus zwei spiegelbildlich zueinander liegenden Hälften besteht, welche deckungsgleich aufeinander passen, erfahren lässt.[8] Zu Beginn des dritten Schuljahres wurden diese Eigenschaften wiederholt und Fachbegriffe, wie die „(Achsen)-symmetrie", „Deckungsgleichheit" und „Symmetrieachse" verinnerlicht. Um den Begriff der „Symmetrieachse" ausgehend von den Faltlinien einführen zu können, wurden anfangs nur Figuren mit einer Symmetrieachse gewählt, bei denen die Faltlinie und die Symmetrieachse identisch waren. Zudem haben die SuS symmetrische Figuren in ihrer Umgebung und unter Berücksichtigung ihrer Funktionalität erschlossen. In weiterführenden Stunden haben die SuS die Symmetrieachse an symmetrischen Figuren bestimmt, eingezeichnet und mit Hilfe eines MIRA-Spiegels (s. S. 13) vorgegebene Figuren auf ihre Symmetrie überprüft: Dadurch wurden der richtige Umgang mit dem Spiegel sowie seine Handhabung geübt.

Im Hinblick auf das zu erreichende Lernziel wurden bei den SuS im ersten und zweiten Schuljahr das räumliche Vorstellungsvermögen sowie am Ende des zweiten Schuljahres und im dritten Schuljahr der Umgang sowie das Zeichnen mit dem Lineal geschult. Insbesondere ist das Zeichnen in einem Karoraster zu nennen, wobei die SuS vorgegebene Figuren mit einem Lineal im karierten Heft abbildeten. Darüber hinaus haben sie erlernt nach verbalen Vorgaben eine Figur durch das schrittweise Einzeichnen einiger Linien im Karoraster abzubilden.

In Bezug auf das Stundenziel ist den SuS der Arbeitsablauf der Stationsarbeit vertraut. Dabei wird der erste Stationszettel an die SuS verteilt, während die weiteren Arbeitszettel am Stationstisch nach festgelegter Reihenfolge selbstständig abgeholt werden dürfen. Bezüglich der Planungs- und Organisationsfähigkeit besteht bei einigen SuS dennoch Nachholbedarf, welcher in der vorliegenden Unterrichtsstunde weiter geschult werden soll.

Die gewählte Sozialform der Einzelarbeit erscheint in der Arbeitsphase als sinnvoll, da eine gegenseitige Kommunikation und Kooperation zur Aufgabenbearbeitung nicht förderlich ist. Dadurch wird eine ruhige und konzentrierte Arbeitsatmosphäre angestrebt, welche zur Zielerreichung benötigt wird.

4. Zur Sachstruktur des Lerngegenstandes

Das Thema der Achsensymmetrie wird in der Fachwissenschaft dem Gebiet der Kongruenz zugeordnet. Eine kongruente Figur ist die Abbildung einer Figur, die nur die Lage, jedoch nicht die Größe und die Gestalt geändert hat.[9] Entsprechend wird eine Abbildung, die durch eine oder mehrere Achsenspiegelungen deckungsgleich in eine andere Abbildung überführt werden kann, in der Mathematik als Kongruenzabbildung bezeichnet.[10] Krauter definiert folgendermaßen: *Eine Kongruenzabbildung der Ebene ist eine Achsenspiegelung oder eine Verkettung von endlich vielen Achsenspiegelungen.*[11] Nach Franke stellt die Symmetrie eine Eigenschaft von Figuren

---

[7] vgl. Franke 2007, S. 229.
[8] vgl. Franke 2000, S. 199.
[9] vgl. Krauter 2007, S. 20.
[10] vgl. Krauter 2005, S. 20.
[11] vgl. ebenda, S. 47.

dar, *bei der eine Figur durch eine Kongruenzabbildung auf sich selbst abgebildet wird oder bei der zu einer Figur durch Achsenspiegelung oder Drehung eine kongruente Figur als Bild entsteht.*[12] Eine Figur ist demnach symmetrisch, wenn sie mindestens durch eine Deckbewegung, die nicht der identischen Abbildung entspricht, auf sich abgebildet werden kann. Dabei wird zwischen Achsen-, Dreh- und Translationssymmetrie unterschieden.[13] Die Achse einer Spiegelung heißt Symmetrieachse der Figur.[14]

Laut Müller-Philipp und Gorski lässt sich die Achsenspiegelung folgendermaßen definieren:

Die Geradenspiegelung S_g ist diejenige Abbildung der Ebene E auf sich, die jedem Punkt P seinen Bildpunkt P` nach folgender Vorschrift zuordnet:

a) Wenn $P \in g$ dann $P = P'$ (alle $P \in g$ sind Fixpunkte)

b) Wenn $P \notin g$, dann gilt: $g \perp PP$` und $l(\overline{PS}) = l(\overline{P`S})$, wobei $PP' \cap g = \{S\}$.

Dabei heißt die Gerade g Spiegelgerade oder -achse.[15]

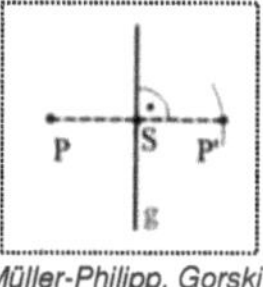

Müller-Philipp, Gorski
2001, S. 102.

Ausgehend von dieser Definition wird die Geradenspiegelung S_g (P) = P' eines Punktes P (P $\notin$ g), welche beim Ergänzen einer achsensymmetrischen Figur die Grundlage bildet, folgendermaßen nach Müller-Philipp und Gorski konstruiert:

1. *Die Lotgerade l zu g durch Punkt P zeichnen.*
2. *Den Schnittpunkt von g und l mit S benennen.*
3. *Den Punkt P` auf l auszeichnen, für den gilt:*

$$l(\overline{P`S}) = l(\overline{PS}) \text{ und } P` \neq P.[16]$$

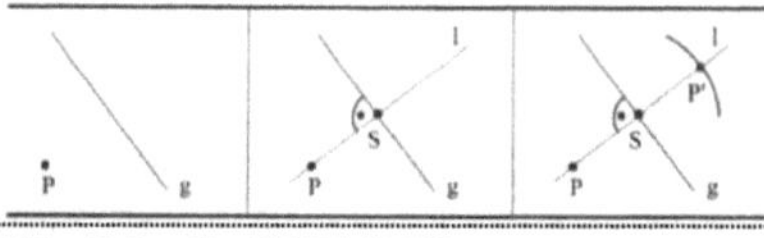

Müller-Philipp, Gorski 2001, S. 103.

Des Weiteren lassen sich nach Krauter folgende Eigenschaften der Achsenspiegelung bestimmen[17]:

1. Sie ist <u>bijektiv,</u> d.h. verschiedene Urbilder haben verschiedene Bilder und jeder Punkt der Ebene besitzt ein Urbild.

2. Sie ist <u>geradentreu,</u> d.h. das Bild einer Geraden AB ist Gerade A'B'.

3. Sie ist <u>paralleltreu,</u> d.h. zueinander parallele Geraden p_1, p_2 werden auf ebenfalls zueinander parallelen Geraden p'$_1$, p'$_2$ abgebildet.

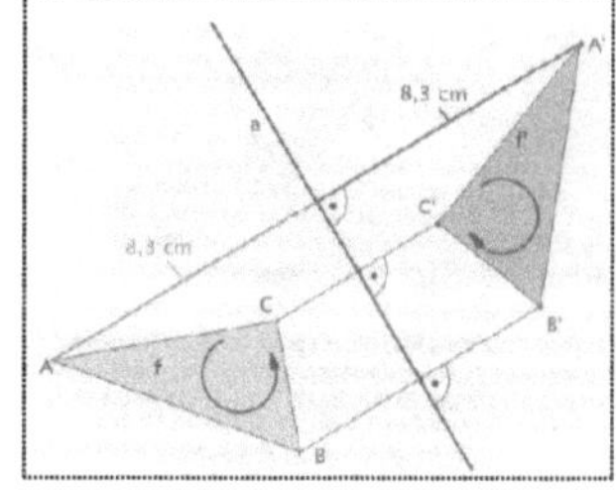

Krauter 2005, S. 20.

4. Sie ist <u>winkeltreu,</u> d.h. bei der Geradenspiegelung S_g wird ein Winkel $\sphericalangle (t, r)$ auf einen Winkel $\sphericalangle (t`, r`)$ übertragen.

5. Sie ist <u>strecken- und längentreu,</u> d.h. das Bild einer Strecke $\overline{AB}$ entspricht der Strecke $\overline{A`B`}$.

6. Die Punkte der Symmetrieachse werden Fixpunkte genannt. Demzufolge ist die Symmetrieachse als Fixgerade bzw. Fixpunktgerade zu bezeichnen, da jeder Punkt fix ist.

---

¹² vgl. Franke 2000, S. 205.
¹³ vgl. Radatz *et al.* 1999, S. 170.
¹⁴ vgl. Bibliographisches Institut 2013. URL: http://www.duden.de/rechtschreibung/Symmetrieachse (Stand: 28.07.16)
¹⁵ vgl. Müller-Philipp und Gorski 2001, S. 102.
¹⁶ vgl. ebenda, S. 103.
¹⁷ vgl. Krauter 2005, S. 20.

7. Sie ist <u>nicht orientierungstreu</u>, da der Umlaufsinn einer Figur bei der Achsenspiegelung umgekehrt wird.

In der vorliegenden Stunde bilden diese Konstruktionsvorschrift und die Eigenschaften der Achsenspiegelung die fachliche Grundlage für das korrekte Ergänzen zu achsensymmetrischen Figuren im Karoraster (s. S. 13). Die Symmetrieachsen der ausgesuchten Figuren liegen ausschließlich innerhalb dieser Figuren, sodass nach spiegelbildlichem Ergänzen der Halbfiguren eine symmetrische Gesamtfigur entsteht. Durch die wechselnde Lage der Symmetrieachse werden zusätzlich die Schwierigkeit und Komplexität der von den SuS zu bearbeiteten Aufgaben erhöht (vertikal -, horizontal- und diagonal verlaufende Symmetrieachsen) (s. S. 10-11).[18]

5. Ziel-/ Inhaltsentscheidungen

In dem niedersächsischen Kerncurriculum für das Fach Mathematik lässt sich das Thema der Unterrichtsstunde dem inhaltsbezogenen Kompetenzbereich „Raum und Form" zuordnen.[19] Laut dem Kerncurriculum sollen die SuS am Ende des vierten Schuljahres in der Lage sein, achsensymmetrische Figuren herstellen zu können.[20] Im prozessbezogenen Kompetenzbereich ist die Unterrichtsstunde dem „Problemlösen" zuzuordnen, indem die SuS vorgegebene und selbst gefundene Probleme eigenständig bearbeiten, Lösungsstrategien anwenden und Lösungswege mit eigenen Worten beschreiben sowie die Plausibilität der Ergebnisse überprüfen.[21]

Die Symmetrie wird als eine fundamentale Idee des Geometrieunterrichts bezeichnet.[22] Dieses Themenfeld leistet einen Beitrag zur Umwelterschließung: Achsensymmetrische Lebewesen, wie Schmetterlinge, werden im Unterricht betrachtet, um ihre Eigenschaften zu entdecken.[23] Zusätzlich werden alltägliche Gegenstände thematisiert, welche ohne symmetrische Eigenschaften unpraktisch sind, wie z.B. ein Tisch mit unterschiedlich langen Tischbeinen.

Für das Orientierungs- und Auffassungsvermögen des Menschen ist es von zentraler Bedeutung symmetrische Eigenschaften zu kennen, da das Gehirn symmetrische Figuren schneller analysieren und speichern kann.[24] Das Erkennen von Symmetrien fördert auch die Einsicht in arithmetische Bezüge des Verdoppelns und Halbierens[25] sowie in weitere arithmetische Zusammenhänge, wie dem Kommutativgesetz (z.B. 3+2 = 2+3). Hierbei unterstützt die Symmetrie die Ausbildung von Vorstellungen, ohne die das denkende Rechnen für die SuS nicht erreichbar ist.[26] Als vielseitiges Thema kann die Symmetrie ebenfalls fächerübergreifend betrachtet werden, z.B. beim Entdecken der Symmetrie in der Bildenden Kunst oder bei der Thematisierung des Spiegels im Sachunterricht.[27]

Zum Anliegen des Geometrieunterrichts der Grundschule gehört ebenso *die Vermittlung einer Bereitschaft, sich mit geometrischen Problemen auseinanderzusetzen und damit ein Klima zu*

---

[18] vgl. Lauter 1982, S. 212.
[19] vgl. Niedersächsisches Kerncurriculum 2006, S. 27.
[20] vgl. ebenda, S. 28.
[21] vgl. ebenda, S. 18.
[22] vgl. Franke 2007, S. 217.
[23] vgl. Franke 2000, S. 202.
[24] vgl. Radatz *et al.* 1999, S. 170.
[25] vgl. Radatz *et al.*1998, S. 155.
[26] vgl. Besuden 2004, S. 5.
[27] vgl. Franke 2000, S. 203.

schaffen, indem die Schüler selbstbewusst und mit Freude an geometrische Fragestellungen herangehen.[28] Die gewonnene Einstellung sowie die erworbenen Fähigkeiten dienen als Vorbereitung auf den Geometrieunterricht an den weiterführenden Schulen.

Die Beschäftigung mit den handlungsorientierten Inhalten des Themenfeldes kann besonders für SuS bedeutsam sein, die im Themenfeld der Arithmetik Schwächen aufweisen.[29] Das genaue und saubere Einzeichnen einer Spiegelfigur kann beispielsweise zu einer Übung im Umgang mit dem Lineal und zur Einschätzung der Entfernung beitragen.

Bei der Behandlung der Symmetrie nimmt insbesondere die Spiegelung als Kongruenzabbildung eine wesentliche Rolle ein. Dies liegt neben der Begründung der Alltagserfahrung der Kinder darin, dass jede Kongruenzabbildung aus Achsenspiegelungen aufgebaut werden kann.[30] Die Auseinandersetzung mit dem Thema dient langfristig der Hinführung zum Abbildungsbegriff.[31]

Der Schwerpunkt der vorliegenden Stunde liegt im achsensymmetrischen Ergänzen einer Figur mit innenliegender Symmetrieachse. Eine **qualitative Differenzierung** erfolgt in der Arbeitsphase an der Arbeitsstation 1 durch die Anwendung zweier unterschiedlicher Anforderungsebenen zur Ergänzung von Halbfiguren zu achsensymmetrischen Figuren: Während die leistungsschwachen SuS einige vorgezeichnete Linien der abzubildenden Halbfigur erhalten und einen bereitliegenden MIRA-Spiegel während des Zeichnens der Halbfigur als Hilfestellung nutzen können, sollen sich die leistungsstärkeren SuS die zu ergänzenden symmetrischen Halbfiguren gedanklich erarbeiten und im Karoraster einzeichnen (s. Anhang, S. 20). Den MIRA-Spiegel dürfen die zuletzt erwähnten SuS nur zur Ergebniskontrolle nutzen. An den ersten beiden Stationen ergänzen die Kinder die Halbfiguren ausschließlich vertikal. Franke begründet den Vorrang des vertikalen Spiegelns mit dem Rückgriff auf die Alltagserfahrungen der SuS.[32] Eine Studie von Schmidt belegt zudem, dass die SuS einer vierten Klasse eine Figur mit vertikaler Symmetrieachse symmetrisch leichter ergänzen können.[33] Eine **quantitative Differenzierung** erfolgt durch die Bereitstellung mehrerer Stationen. Mit jeder weiteren Folgestation erhöht sich der Schwierigkeitsgrad der Aufgabenstellung, sodass die leistungsstarken SuS intensiver gefördert werden können: Neben den vertikalen Symmetrieachsen sind horizontale und diagonale Symmetrieachsen aufzufinden. Die fünfte Station ermöglicht den SuS das Vervollständigen einer eigenen Figur entlang ihrer eigenständig gewählten Symmetrieachse.

Eine didaktische Reduktion erfolgt bereits innerhalb der Unterrichtseinheit, indem ausschließlich die Achsenspiegelung geschult wird. Auf ein zusätzliches Abzeichnen der Halbfigur wird verzichtet, da die Aufgabe selbst, nämlich das zeichnerische spiegelbildliche Ergänzen der Halbfiguren, eine große Herausforderung für die SuS darstellt.

---

[28] vgl. Radatz und Schipper 1983, S. 141.
[29] vgl. Besuden 2004, S. 5.
[30] vgl. Franke 2007, S. 223.
[31] vgl. Kirsche 1996, S. 5.
[32] vgl. Franke 2007, S. 228.
[33] vgl. ebenda, S. 227.

6. Analyse der zentralen Aufgabenstellung

Zentrale Aufgabenstellung	Anspruchsniveau und/ oder Anforderungsbereich
Die SuS ergänzen Halbfiguren zu achsensymmetrischen Gesamtfiguren im Karoraster.	Anforderungsbereich II: Zusammenhänge herstellen: Das Lösen der Aufgabe erfordert das Erkennen und Nutzen von Zusammenhängen.

Lernschritte	Mögliche Ursachen für inhaltliche Probleme	Konkrete inhaltliche/ methodische Hilfestellungen
Erkennen der Symmetrieachse und der Halbfigur	- Die SuS erkennen die Symmetrieachse nicht.	- Vorentlastung in vorangegangenen Unterrichtsstunden in der Einheit: SuS kennen die Symmetrieachse und haben bereits mehrere Symmetrieachsen in Figuren identifizieren und einzeichnen müssen. - Vorentlastung im Einstieg: SuS erkennen und verbalisieren die Symmetrieachse anhand des vorgegebenen Beispiels zum Ergänzen der Halbfigur. - Die SuS wissen, dass die Symmetrieachse rot gekennzeichnet ist. - Vorentlastung in vorangegangenen Unterrichtsstunden in der Einheit: SuS haben ausschließlich innerhalb einer Figur Symmetrieachsen einzeichnen bzw. erkennen müssen. - Die SuS können sich an einem vorher angefertigten Plakat mit dem Begriff der „Symmetrieachse" orientieren.
	- Die SuS erkennen die Halbfigur nicht.	- Vorentlastung im Einstieg: SuS erkennen die Halbfigur anhand des vorgegebenen Beispiels zum Ergänzen der Halbfigur. - Die Halbfigur ist blau gekennzeichnet. - LiVD steht beratend zur Verfügung.
Ergänzen der Halbfigur zur achsensymmetrischen Figur	- Die SuS können die Figur nicht gedanklich spiegeln. - Die SuS wissen nicht, an welchem Punkt sie beginnen müssen bzw., wie sie schrittweise vorgehen müssen.	- Vorentlastung im Einstieg: SuS haben anhand eines Beispiels eine Halbfigur zeichnerisch ergänzt und den Vorgang verbalisiert. - Das Karoraster bietet eine gute Unterstützung zum Ergänzen der achsensymmetrischen Halbfigur (s. S. 13). - Differenzierung: Leistungsschwache SuS erhalten bereits zu Anfang der Arbeitsphase einige vorgezeichnete Linien der abzubildenden Halbfigur zur Hilfe; zusätzliche Unterstützung durch Benutzung des MIRA-Spiegels. - LiVD steht beratend zur Verfügung.
	- Die SuS benutzen das Lineal nicht bzw. verkehrt.	- Vorentlastung in vorangegangenen Unterrichtsstunden Ende der zweiten Klasse/ Anfang dritter Klasse: SuS haben über mehrere Übungsstunden Figuren im Karoraster mit dem Lineal gezeichnet. - Vorentlastung im Einstieg: LiVD betont die Wichtigkeit der sorgfältigen Benutzung des Lineals zur Sicherung der Deckungsgleichheit beider Figurenhälften. - LiVD hilft gegebenenfalls beratend oder praktisch.
Kontrolle der Halbfigur mithilfe des MIRA-Spiegels	- Die SuS wissen nicht, wo der Spiegel angelegt werden muss. - Die SuS legen den Spiegel verkehrt auf die Symmetrieachse - Halbfigur wird falsch abgebildet.	- Vorentlastung in vorangegangenen Unterrichtsstunden in der Einheit: SuS kennen anhand einiger Übungsstunden den korrekten Umgang mit dem MIRA-Spiegel. - Die SuS können durch den zuvor geübten Umgang mit dem Spiegel ihre Ergebnisse selbstständig korrigieren. - LiVD hilft gegebenenfalls beratend oder praktisch.

Zentrales Ziel der vorliegenden Unterrichtsstunde ist es, die SuS zu befähigen, zeichnerisch achsensymmetrische Figuren herstellen zu können. Ihr Schwerpunkt liegt demnach in der Arbeitsphase auf der Handlungsebene unter Einbeziehung verschiedener Methoden, die den aktiven Aneignungsprozess der SuS unterstützen sollen. Der Einsatz des **Karorasters** als Arbeitsmittel ist eine wesentliche methodische Entscheidung, damit die SuS Lösungen gestellter Aufgaben wirksam und zielgerichtet praktisch erarbeiten können. Dieses Arbeitsmittel empfehlen Autoren verschiedener Schulbuchreihen wie „Denken und Rechnen 3" (S. 72), „Zahlenzauber 3" (S. 22), „Fredo & Co 3" (S. 56 f.) und „Einstern 3" (S. 36 f.). Schon im zweiten Schuljahr zeichnen die SuS entsprechende Figuren im Karoraster, welche sie aber erst im dritten Schuljahr hinsichtlich ihrer Symmetrie überprüfen.[34] Für die achsensymmetrische Ergänzung einer Halbfigur ist es demnach hilfreich in der vorliegenden Arbeitsphase an Vorerfahrungen der SuS mit dem Karoraster anzuknüpfen. Die SuS können hierbei die räumliche Lage und die Länge der Einzellinien einer Figur genau wiedergeben[35], indem sie die Lage der einzelnen Figurenteile durch Abzählen der Kästchen beim Spiegeln ermitteln.[36] Beim Zeichnen im Karoraster erkennen die SuS, dass die gezeichnete Halbfigur und das Original gleich weit von der Symmetrieachse entfernt, entsprechende Strecken gleich lang und Winkel gleich groß sind.[37]

Zur Kontrolle der im Karoraster ergänzten Halbfigur dient der **MIRA-Spiegel** als praktische Hilfestellung. Dabei wird der Spiegel auf die Symmetrieachse gesetzt. Dieser halbdurchlässige Spiegel zeigt zwei Bilder: das echte Spiegelbild und die hinter ihm liegende Figur, welche nachgezeichnet werden kann. Auf diese Weise können die SuS leicht kontrollieren, ob das gespiegelte Bild und die eigenständig ergänzte Halbfigur deckungsgleich sind. Weiterhin ist der Spiegel als Hilfestellung für die leistungsschwächeren Kinder optimal geeignet. Aufgrund weniger MIRA-Spiegel teilen sich zwei SuS einen Spiegel. Damit die leistungsschwachen Kinder den Spiegel in der Arbeitsphase zur Hilfe nehmen können, wird auf eine leistungsheterogene **Sitzordnung** geachtet.

Eine methodische Entscheidung zum Erreichen des Lernziels stellt die Auswahl der **Stationsarbeit** dar, mit der die SuS bereits vertraut sind. Beim Lernen an Stationen können die Leistungsheterogenität und die unterschiedlichen Arbeitstempi berücksichtigt werden.[38] Hierdurch stellen sich bei den SuS selbstverursachte Erfolgserlebnisse ein, die nicht nur die Motivation steigern, sondern auch zu einer positiven Identitätsentwicklung beitragen können.[39] Darüber hinaus kann diese Arbeitsform zu einer Stärkung des selbsttätigen und selbstständigen Handelns und des Schulens der eigenverantwortlichen Kontrolle der Arbeitsergebnisse beitragen.

In der **Sicherungsphase** soll schließlich eine scheinbar symmetrisch ergänzte Figur durch die SuS frontal auf der Tafel untersucht werden (s. Anhang, S. 19). Die Figur ist auf einem großen

---

[34] vgl. Franke 2007, S. 234.
[35] vgl. Radatz *et al.* 1998, S. 161.
[36] vgl. ebenda, S. 242.
[37] vgl. ebenda, S. 242.
[38] vgl. Bauer 1997, S. 110 f.
[39] vgl. Zimmer 1993, S. 24 ff.

Papier im Karoraster mittels verschieblicher Randelemente aufgebracht. Ihre Fläche ist mit mehreren linearen Randelementen begrenzt (Randelemente in blauer Farbe mit magnetischen Eigenschaften). Durch unkompliziertes Umlegen dieser Randelemente können die SuS die asymmetrisch angelegten Figurenteile korrigieren. Dabei überprüfen sie fortwährend die neu entstehende Halbfigur auf ihre Symmetrieeigenschaften. Da eine Kontrolle mit dem kleinen MIRA-Spiegel nicht möglich ist, soll diese in Anlehnung zur Faltmethode mittels Aufklappen einer bereits fertig erstellten symmetrischen Halbfigur erfolgen.

Rechtliche Vorgaben

- Niedersächsisches Kultusministerium (Hg.) (2006): Kerncurriculum für die Grundschule Schuljahrgänge 1-4. Mathematik. Hannover: Unidruck.

Fachdidaktische und fachmethodische Literatur

- Bauer, Roland (1997): Lernen an Stationen in der Grundschule. Ein Weg zum kindgerechten Lernen. Berlin: Cornelsen.
- Franke, Marianne (2000): Didaktik der Geometrie. Mathematik Primarstufe. Heidelberg/ Berlin: Spektrum, Akademischer Verlag.
- Franke, Marianne (2007): Didaktik der Geometrie in der Grundschule. Mathematik Primar- und Sekundarstufe, 2. Auflage, Heidelberg/ Berlin: Spektrum, Akademischer Verlag.
- Krauter, Siegfried (2007): Erlebnis Elementargeometrie: Ein Arbeitsbuch zum selbstständigen und aktiven Entdecken, 1. Auflage, Heidelberg: Spektrum.
- Krauter, Siegfried (2005): Erlebnis Elementargeometrie. Ein Arbeitsbuch zum selbstständigen und aktiven Entdecken. München: Elsevier.
- Lauter, Josef (1982): Der Mathematikunterricht der Grundschule: Didaktisch-methodische Hilfen für die Unterrichtspraxis, 4. Auflage. Donauwörth: Auer.
- Müller-Philipp, Susanne; Gorski, Hans-Joachim (2001): Leitfaden Geometrie. Für Studierende der Lehrämter. Braunschweig/Wiesbaden. Vieweg Verlag.
- Radatz, Hendrik; Schipper, Wilhelm (1983): Handbuch für den Mathematikunterricht an Grundschulen. Hannover: Schroedel.
- Radatz, Hendrik; Schipper, Wilhelm; Dröge, Rotraut; Ebeling, Astrid (1998): Handbuch für den Mathematikunterricht. 2. Schuljahr. Hannover: Schroedel Verlag.
- Radatz, Hendrik; Schipper, Wilhelm; Dröge, Rotraut; Ebeling, Astrid (1999): Handbuch für den Mathematikunterricht. 3. Schuljahr. Hannover: Schroedel Verlag.
- Zimmer, Renate (1993): Handbuch der Bewegungserziehung. Didaktisch-methodische Grundlagen und Ideen für die Praxis. Freiburg: Herder.

Zeitschriftenartikel

- Besuden, Heinrich (2004): Symmetrie im Mathematikunterricht der Grundschule? In: Grundschule Mathematik. Heft 3.
- Kirsche, Peter (1996): Zum Herstellen spiegelsymmetrischer und punktsymmetrischer Figuren im Unterricht der Primastufe. In: Der Mathematikunterricht. Heft 2.

Schulbücher

- Balins, Mechtilde; Dürr, Rita; Franzen-Stephan, Nicole; Gerstner, Petra; Plötzer, Ute; Strothmann, Anne; Torke, Margot; Verboom, Lilo (2011): Fredo & Co. Mathematik 3. Arbeitsheft, 1. Auflage, München: Oldenbourg.
- Bauer, Roland; Maurach, Jutta (2005): Einstern 3. Mathematik für Grundschulkinder. Themenheft 1. Die Zahlen bis 1000–Symmetrie, 1. Auflage, Berlin: Cornelsen.
- Betz, Bettina; Dolenc, Ruth; Gasteiger, Hedwig; Ihn-Huber, Petra; Kobr, Ursula; Kraft, Gerti, Plankl, Elisabeth; Pütz, Beatrix (2005): Zahlenzauber 3, Ausgabe D, München: Oldenbourg.
- Eidt, Henner; Lack, Claudia; Lammel, Roswitha; Voß, Eike; Wichmann, Maria (2006): Denken und Rechnen 3, Braunschweig: Westermann.

- Beerbaum, Judith; Göttlicher, Anja; Versin, Sarah; Wettels, Britta; Zippel, Stephanie (2014): Flex und Flo 3 Mathematik, Braunschweig: Diesterweg.

Internetquellen
- Bibliographisches Institut 2013. URL: http://www.duden.de/rechtschreibung/Symmetrieachse (Stand: 28.07.16).

8.2.1   Tafelbild

Begrüßung: Vorstellung des Stundenziels und -verlaufs (zugeklappte Tafel)

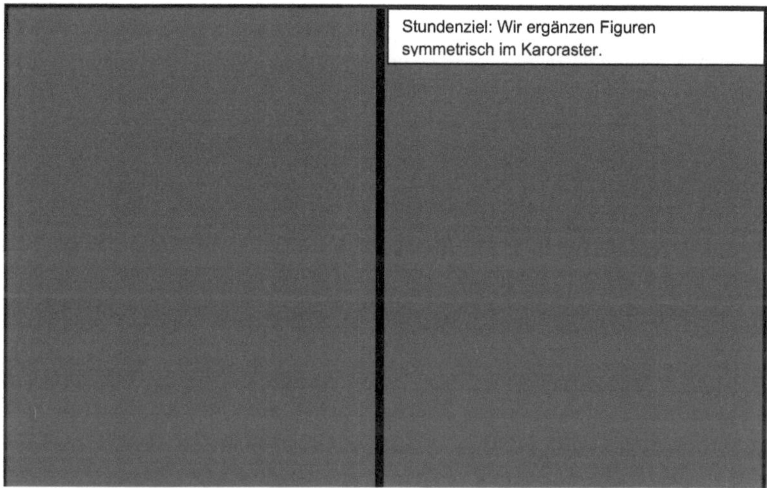

[Methodische Transparenzschilder: http://intern.zaubereinmaleins.de/189/unterrichtsmaterial-klasse-1-4/tagestransparenz.html?tmsp=240933, zuletzt abgerufen am 04.08.16]

Einstiegsphase (Tafelmitte: links aufgeklappt, rechts zugeklappt)

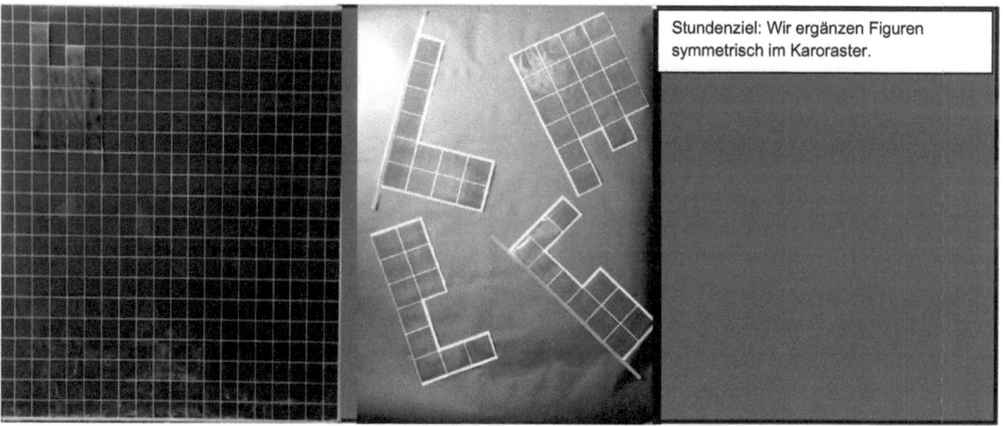

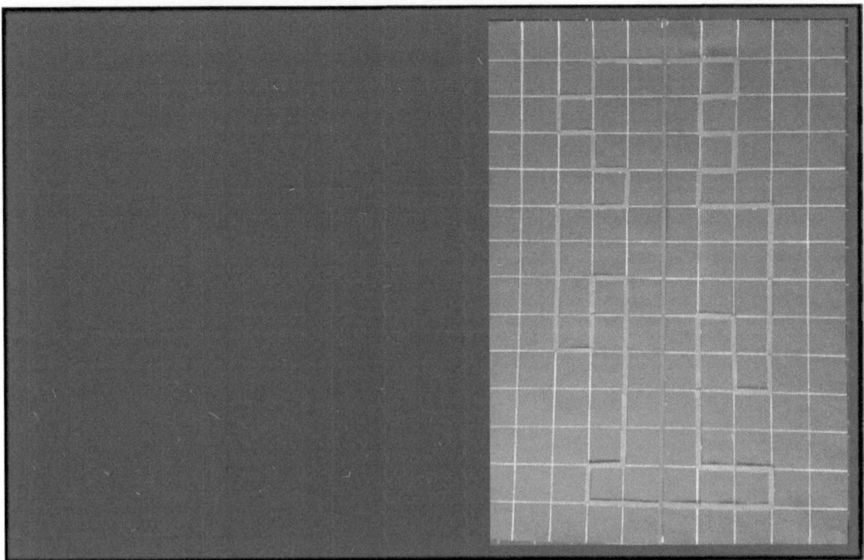

8.2.2 Arbeitsblätter

Station 1: Arbeitsblatt für leistungsstarke SuS und SuS mit durchschnittlicher Leistung

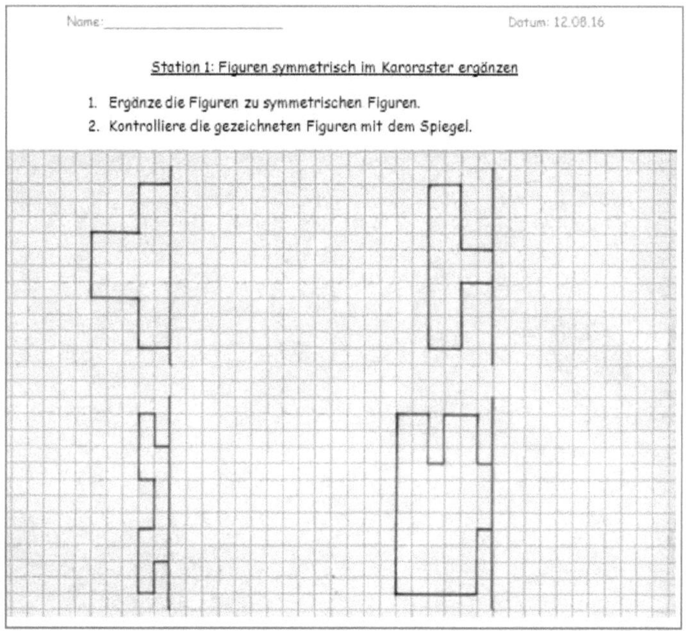

Station 1: Arbeitsblatt für leistungsschwache SuS

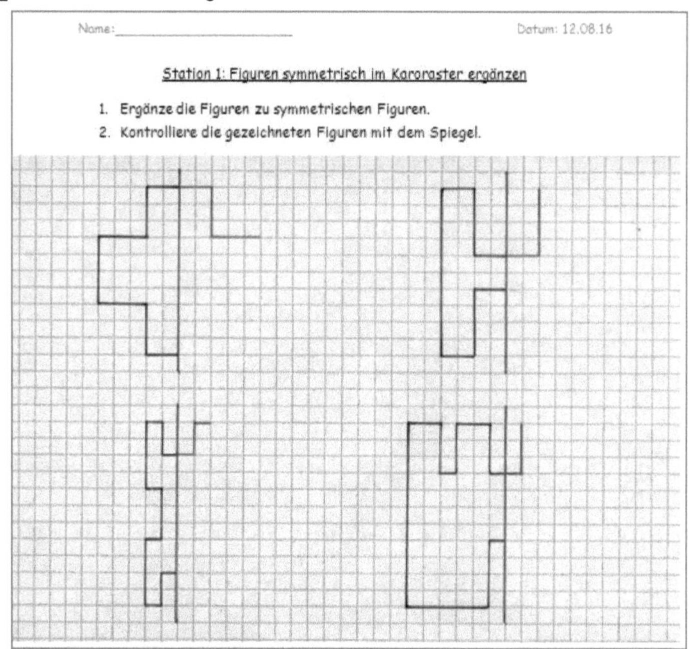

Station 2:

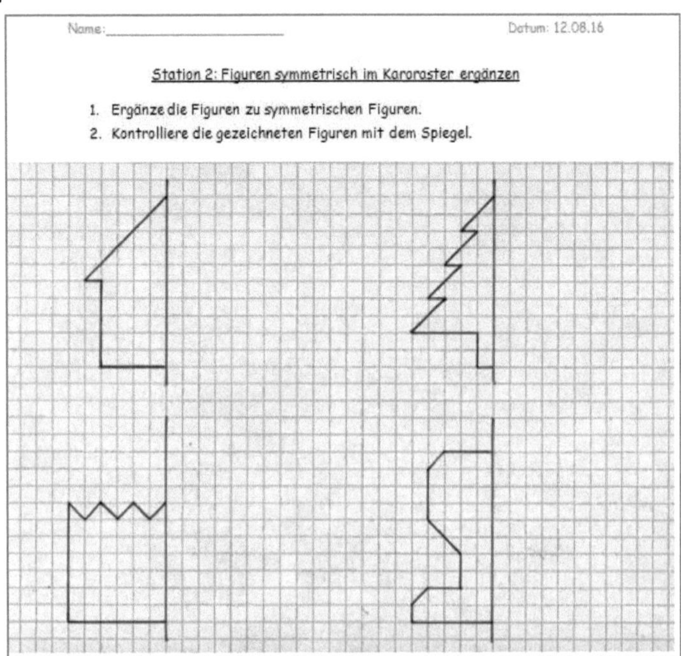

Station 3:

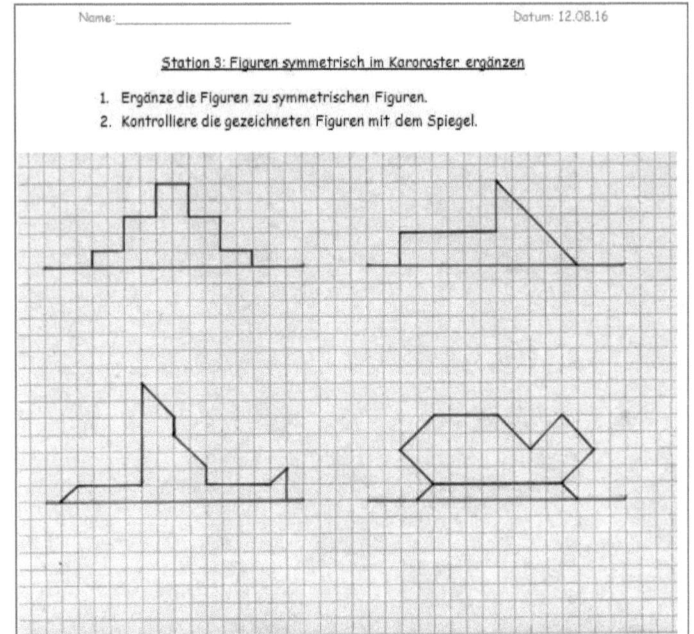

Station 4:

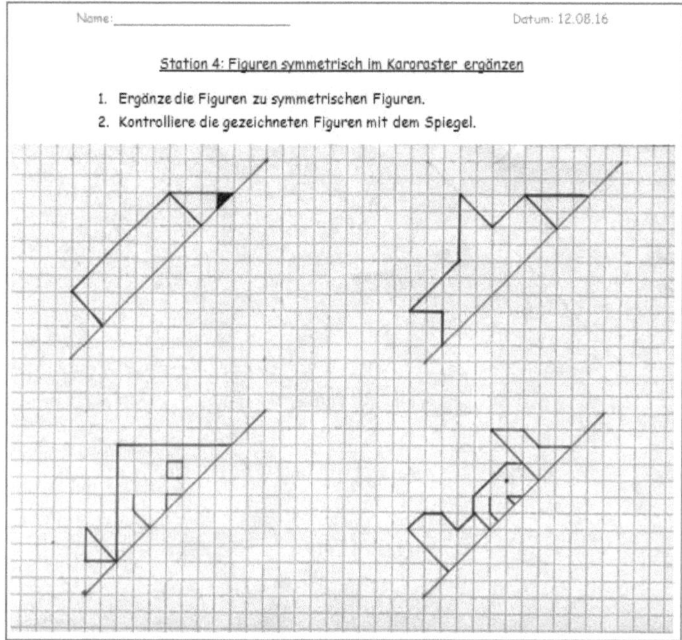

Station 5:

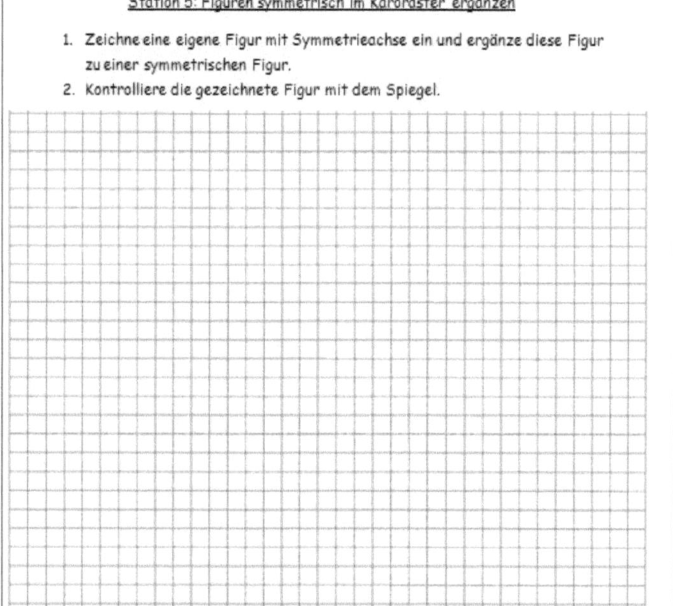

Station 1:

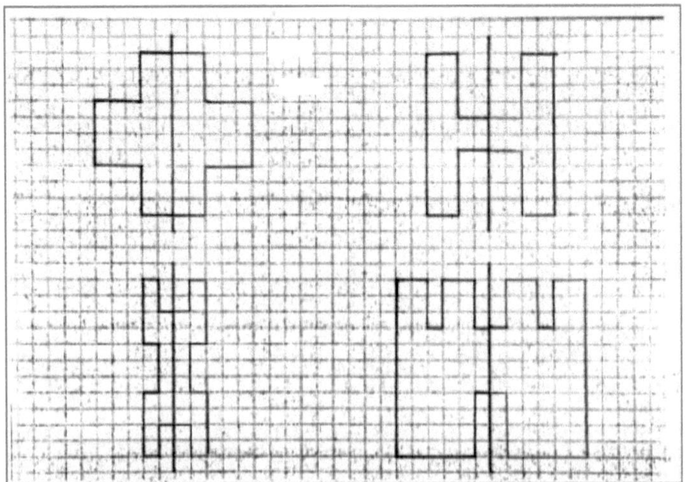

Station 2:

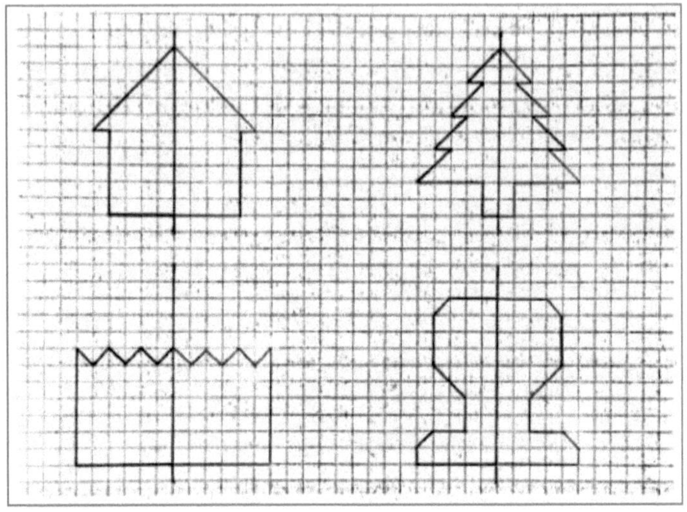

Station 3:

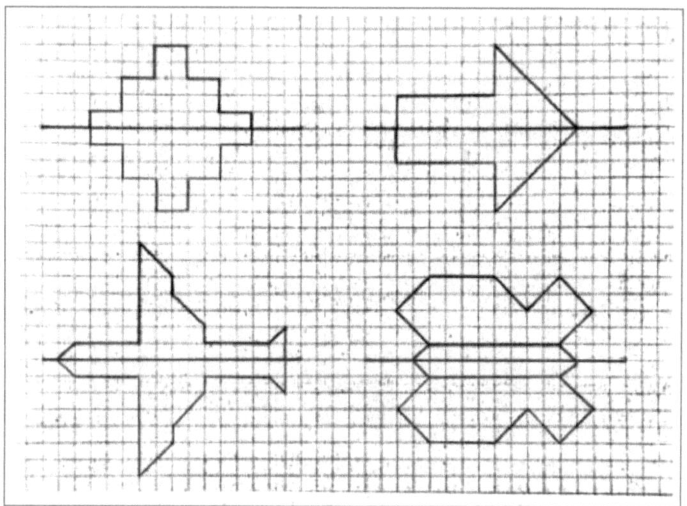

Station 4:

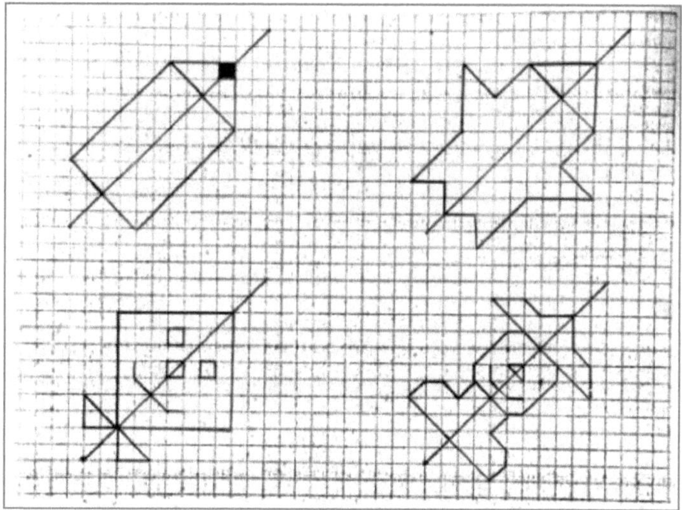